Afternoon Tea

一起来吃下午茶

悠闲派对，共享午后甜咸小"食"光

晴天小超人 著

U0219702

中国轻工业出版社

吃是每个人的本能，可我多少自认为对于这件事情的体会或许比其他人更深更有感触一些。因为我的家人都擅长品尝和烹制，从小被他们带大的我也就有机会吃到很多至今看起来仍很流行或少见的东西。爷爷是个钟表师，平日里接触的都是西洋物件儿，因此人比较洋派，爱吃各种点心，小到曲奇、蝴蝶酥，大到凯司令的磅蛋糕（又叫奶油蛋糕，是一种常见的基础蛋糕）、栗子蛋糕。夏天的时候他总会买光明牌冰砖放在咖啡里自制雪顶咖啡，那幅画面至今仍有余味。在我一年级的时候爸爸买了我们家的第一个烤箱，自己在家做蛋糕、饼干，年轻时候的他们对生活中甜美味道的追寻，一如现在的我。这些甜点的味道深深浅浅地驻留在了我的脑海里和味觉里，日复一日，年复一年，我似乎总在不经意间会试图寻找和再现它们。

我的甜点生涯始于妹妹送给我的第一台烤箱。我有三个妹妹，两个和我一样都喜欢并擅长做西点和中餐，这似乎成了家族遗传。记得烤箱拿到家里那天正好是春节，我们几个小孩在厨房里手忙脚乱一通折腾，做出了人生第一道甜点——花生酥，那花生和焦糖混合的香气飘荡在厨房里的幸福感，至今都记忆犹新。从此，对甜美味道的追求不仅仅停留在想象中，我也开始付诸实践，并渐渐明白"樱桃好吃树难栽"，看似简单的食物背后，需要用心投入和不断练习。

就这样一做就是七年，从上海到北京，烤箱也换了三个；从蛋糕到面包，从饼干到冰激凌，慢慢摸索慢慢尝试，会做的越来越多；从最开始只是梦想能在下厨房获得认证厨师，到后来慢慢将作品出了书，再到给朋友的餐厅和小厨房设计甜品、供应面包饼干，每个小小梦想的实现都让我更坚定了自己的理想。非常感谢查查厨房的苏恩禾，是她一直鼓励我完成自己的梦想，并且和我一起完成制作甜点的甜蜜工作。

我并不是蓝带专业西点学校毕业，也不是星级酒店大厨，所以本书介绍的不是传统的英式下午茶，也不是高贵的法式下午茶，只是一个非常热爱生活的人，愿意和大家一起分享这些带着甜蜜香气的我最爱的甜点，就像和家人一起享受午后那只属于彼此的静静时光，像对待朋友和家人一样，这些甜点只为你们专心制作。

从春天到夏末，慢慢地也做过很多场下午茶，有朋友，有陌生人，有从外地专程来北京品尝的客人，这些人都让我特别感动。虽然只有一张能容纳八个人的饭桌，却让我拥有无限大的幸福感。每次我在厨房里静静地打发奶油，切蛋糕，抬起头来看到外面桌边坐的客人，或静静地聊天或欢乐地哈哈大笑，我都非常安心和感动。谢谢大家让我有机会为你们做这些甜蜜的食物。

本书记录了 2014 年以来我做的下午茶甜点，希望它是给所有喜欢甜品的人的一份小小礼物，也谢谢你们支持我小小的梦想。最后感谢下厨房、中国轻工业出版社。还要特别感谢我亲爱的先生，我的摄影"技术"大部分来自他的真传，如今他甘当绿叶全程协助我拍摄图片。谢谢！仓促之中或许会出现失误，欢迎指正，感激鼓励。

最近特别流行的一部日本晨间剧[1]《多谢款待》，里面的女主角也是位热爱美食的姑娘，她最大的心愿就是为大家做好吃的料理，以及听到大家吃完以后很满足地对她说："多谢款待。"每次看到这里我都会热泪盈眶。我想热爱美食的人的心情都是一样的吧，这也是我最大的愿望和梦想——听你们笑着说："多谢款待。"

1. 即晨间小说连续剧，是日本广播协会于 1961 年开始播放的日本电视剧系列，即每星期一到星期六的同一时间段连续播出的电视小说。每天一集，每集为 15 分钟，一般早上 8 点 15 分播出。

超人下午茶第一场

　　与其说这是第一次开门迎客，不如说是一次朋友的聚会。今天的客人都是我的好朋友。对我而言，这些朋友就是我生活在北京最大的收获和财富，因为有他们的鼓励和支持，我才有勇气一直向前追逐自己的梦想。超人下午茶的家庭味道里，或多或少有着来自他们的奉献和灵感。

2013
查查厨房 12.23

感谢你们的到来，让这场圣诞下午茶变得如此有意义。

Contents
目 录

Contents
目　录

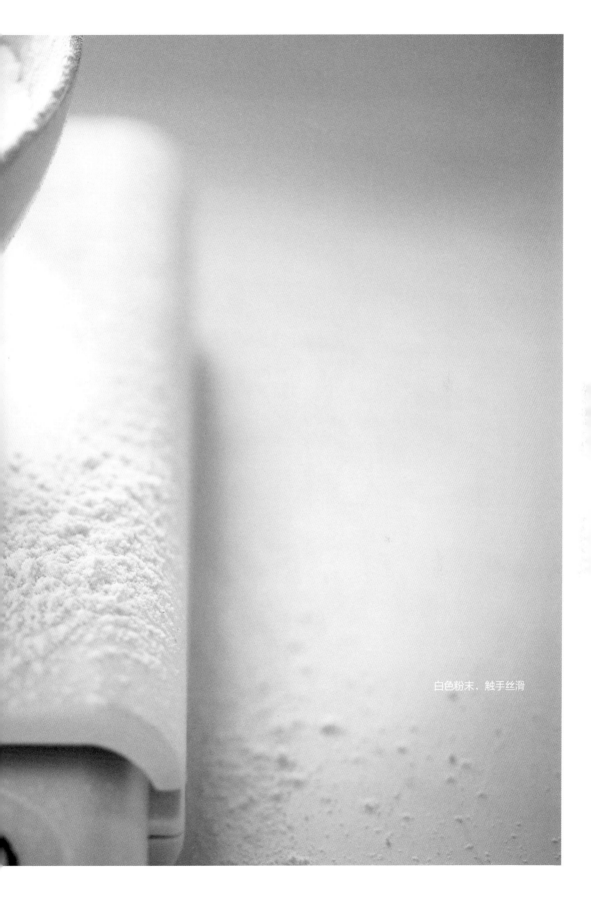

白色粉末，触手丝滑

Spring
春季下午茶

怦然心动的缤纷果滋味

　　春天有温暖的灵感，也是很多故事开始的时候。随着各种花儿次第开放，人们的味蕾也告别了冬天的厚重，一切都清新起来。莓果、香草、酸奶……酸酸甜甜的搭配一定会让你胃口大开，也请大家都告别羞涩和矜持，勇敢地表达自己，迎接这一年各式各样的丰富滋味。蛋糕卷是我个人非常喜欢的一款甜品，蛋糕细腻柔软，配上香滑的奶油和酸甜的草莓，吃了一块还想来一块。巧克力、芝士这些甜点的必需元素一样也不会少，配上百香果、鲜莓果茶，一切都刚刚好。

草莓蛋糕卷

卷一卷，咬一口，配着新鲜
草莓和奶油，美好得一塌糊涂。

用料
Ingredients

材料 1
- 蛋黄　　　　60 克
- 细砂糖　　　10 克
- 蜂蜜　　　　15 克
- 低筋面粉　　35 克

材料 2
- 蛋白　　　　80 克
- 细砂糖　　　35 克
- 黄油　　　　8 克
- 牛奶　　　　20 毫升
- 鲜奶油　　　200 克
- 细砂糖　　　20 克
- 草莓　　　　适量

1a	1b	2
3	4	5a
5b	6a	6b

7a	7b	7c

做法
Steps

1. 将材料1中的蛋黄和细砂糖用打蛋器打发变白，隔水加热，加入蜂蜜，搅拌均匀；低筋面粉过筛备用。

2. 取干净打蛋盆打发材料2中的蛋白，先将蛋白打发至有粗气泡出现，再将35克细砂糖分三次加入蛋白中，将蛋白打发七分，即打至用打蛋器拉起蛋白呈现一个小尖即可；同时将牛奶和黄油加热至融化。

3. 然后取三分之一蛋白放入蛋黄中，用切拌的方法搅拌均匀，加入筛好的低筋面粉，快速切拌至无颗粒，再将剩余的蛋白加入其中，温柔地切拌，注意不要过分搅拌，以免消泡。

4. 将牛奶和黄油倒入步骤3的混合物中，搅拌均匀。

5. 将混合好的面糊一次性倒入铺好烘焙纸的蛋糕模中，震去气泡，放入180℃预热的烤箱中，烤12分钟取出，倒扣在铺了烘焙纸的散热架上，迅速剥去底部的烘焙纸。

6. 将鲜奶油200克和20克细砂糖打发，草莓洗净擦干，对半切开。

7. 将打发的鲜奶油均匀地涂抹在散热的蛋糕上，尾部奶油可以薄一些，将切好的草莓一字排开放置在前三分之一处，然后慢慢将蛋糕片卷成卷。

Tips 草莓可以换成其他自己喜爱的水果，不过要注意最好使用一些水分比较少的水果，比如树莓、芒果、猕猴桃之类的。

巧克力塔

顶尖丝滑口感的法芙娜巧克
力加上法国铁塔的鲜奶油，品一
口便仿佛置身于塞纳河边。

用料
Ingredients

塔皮：
- 低筋面粉　　250 克
- 糖粉　　　　100 克
- 黄油　　　　140 克
- 蛋黄　　　　1 个

内馅：
- 巧克力（可可脂
  60% ~ 75%）300 克
- 鲜奶油　　　300 克
- 黄油　　　　100 克

做法
Steps

1. 黄油切丁软化，低筋面粉和糖粉过筛。将1个蛋黄准备好。

2. 将低筋面粉和软化黄油混合，用手抓成沙泥状。

3. 放入蛋黄，将面粉揉成团，放入冰箱冷藏1小时。

4. 将面团从冰箱取出，然后用擀面杖擀成薄片，将塔模放在上面用小刀切出比塔模大一圈的塔皮，然后放在塔模上，用手轻轻将边缘压实，用小刀除去上面多余的塔皮。

1a	1b	2a
2b	2c	2d
2e	3a	3b
4a	4b	4c

5a	5b	5c
	6	7a
	7b	8

5. 在塔皮上放上烘焙纸，用叉子在表面戳出洞眼，防止烘烤过程中鼓胀，然后放上派石，放入170℃预热的烤箱里，烘烤12分钟，取出，拿掉烘焙纸和派石，自然冷却。

6. 将巧克力切碎，放入容器中。

7. 鲜奶油加热，在快沸腾的时候关火，倒入切碎的巧克力中，搅拌至巧克力融化，立即放入软化黄油搅拌融化。

8. 搅拌好的巧克力立即倒入烤好的塔皮中，最后用刨刀刨入巧克力碎片装饰即可。

Tips 步骤5中，如果没有派石可以用绿豆或红豆代替。

薄荷巧克力芝士蛋糕

奥利奥饼底和香浓芝士看上去最为搭配，还有泛着薄荷香的巧克力豆无疑是最出色的点缀。

用料
Ingredients

· 奶油奶酪	150 克	· 朗姆酒	10 克
· 酸奶	70 克	· 柠檬汁	5 毫升
· 鲜奶油	60 克	· 饼干	60 克
· 蛋白	1 个	· 黄油	30 克
· 糖粉	45 克	· 薄荷巧克力豆	适量

做法
Steps

1. 将饼干放在保鲜袋中，用擀面杖碾碎，然后倒在容器中，加入融化的黄油，搅拌均匀。

2. 将搅拌好的饼干碎均匀地铺在包了锡纸的慕斯模底部，压紧，放入冰箱待用。

3. 取干净的容器，放入软化的奶油奶酪和糖粉，用打蛋器打发细腻。

4. 按顺序加入蛋白 - 酸奶 - 鲜奶油 - 朗姆酒 - 柠檬汁 - 薄荷巧克力豆，每加入一种都需要搅拌均匀再加入下一种原料。

5. 最后将奶酪糊均匀倒入慕斯模中，烤箱 200℃ 预热。

6. 慕斯模放入烤盘中，再在烤盘中注入热水，放入烤箱浴水烤（烤盘中放水，容器浸在里面），200℃ 10 分钟，然后温度降至 110℃ 烤 30 分钟，过程中视情况添加热水，烤完取出冷却后放入冰箱，第二天食用口味最佳。

1a	1b	2
3	4a	4b
5	6a	6b

Tips 奥利奥饼干和消化饼干都很适合做饼干底。

法式火腿饼

薄如蝉翼的意式风干火腿，
搭配黄油、牛油果，还有麦香
十足的饼皮，绝对唇齿留香

用料
Ingredients

- 低筋面粉　　110 克
- 盐　　　　　1 小撮
- 鸡蛋　　　　1 个
- 水　　　　　300 毫升
- 牛油果　　　　1 个
- 意式风干火腿　适量
- 黑胡椒　　　　适量
- 黄油　　　　　适量

做法
Steps

1. 将低筋面粉过筛，加入盐、鸡蛋和水，用手动打蛋器搅拌成光滑的面糊，然后静置 1 小时。

2. 平底锅加热，放入小片黄油，然后舀入 1 勺面糊，转动平底锅，使面糊均匀平铺在锅底，加热到表面鼓起泡，然后用铲子翻面，再加热 1 分钟即可。

3. 牛油果去核，用勺子挖出果肉切片。

4. 在烘饼上放上牛油果肉，一片风干火腿和适量现磨黑胡椒，然后将烘饼卷起，一切二即可。

1	2a
2b	3
4a	4b

Tips　牛油果不需要选择太熟的，稍微硬一点儿的比较适合做烘饼中的原料。

酸奶水果冻

各种新鲜莓果搭配醇香的酸奶和上好的蜂蜜，真真是最回归自然的甜品。

用料
Ingredients

· 原味酸奶　　　　　200 克
· 蜂蜜　　　　　　　适量
· 橙子、蓝莓、树莓　各适量

做法　1. 将水果切成适当大小，不需要切
Steps　　　块的水果洗净沥干水分。

　　　2. 取透明玻璃杯，放入一种水果，
　　　　　舀入 1 勺蜂蜜，倒入适量原味
　　　　　酸奶再放入另外一种水果，舀入
　　　　　1 勺蜂蜜，倒入适量酸奶，反复
　　　　　此步骤直到放完三种水果。

Tips 三种水果可以随意搭
配，但需注意颜色和酸甜
的搭配。

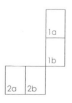

鲜果茶

满满一杯新鲜水果混合红
茶的醇香，色泽鲜艳，喝一口
唇齿生香，欲罢不能。

用料
Ingredients

- 红茶   6 克
- 猕猴桃   半个
- 覆盆子   6 ~ 8 个
- 蓝莓   8 ~ 10 个
- 热水   500 毫升

做法
Steps

1. 将猕猴桃切成片，用热水将红茶冲泡好。

2. 将所有准备好的水果放在杯子中，然后注入泡好的红茶即可。

1	
2a	2b

百里香金橘蜂蜜饮

小园子种的百里香，小小的金橘，一个个细细切开，绿色的皮，嫩黄的内心，散发着浓郁的橘子香气，令人垂涎欲滴。

用料
Ingredients

- 金橘　　　10 颗
- 百里香　　若干
- 蜂蜜　　　2 大勺
- 凉开水　　1500 毫升

做法
Steps

1. 将金橘洗净，对半切开。

2. 百里香洗净泡在清水里。

3. 将金橘挤一下放入冷水
   壶中，然后放入百里香，
   最后放入 2 大勺蜂蜜。

4. 倒入凉开水，用搅拌棒
   将材料搅拌均匀即可。

| 1 | 2 |
| 3 | 4 |

肉桂奶茶

奶香和肉桂超级匹配，也是
最经典的搭配，喝下去暖暖的，
会让整个人都明媚起来哟。

用料
Ingredients

- 大吉岭红茶　　8 克
- 牛奶　　　　　220 毫升
- 肉桂棒　　　　1/2 根
- 凉水　　　　　150 毫升

做法
Steps

1. 在锅内倒入凉水，将肉桂棒弄碎放入，大火煮开以后，小火煮 1 分钟。

2. 关火放入大吉岭红茶，等茶叶泡开以后立即加入牛奶，再次加热，快沸腾时关火。

3. 然后将煮好的奶茶倒入杯中。

Summer

夏季下午茶

冰与火的激情碰撞

炽热的阳光、透明的冰块、酷炫的墨镜、鲜亮的裙子，说起夏天总会让人联想起这些，炎热的夏天里一定要享用凉爽的食品，这样的搭配带给这个季节不同的诱人之处。于是我就精心准备了柠檬、薄荷、冰块、芒果、柚子，这些听起来就让人凉快的食材统统都到碗里来！于是在小院的餐桌上就有了芒果冻芝士、柠檬塔、奶冻、薄荷柚子茶、冰咖啡……是不是感觉神清气爽了呀？

巧克力蛋糕卷

卷卷卷！卷出好滋味，柔柔的巧克力卡仕达酱配上松软浓郁的巧克力蛋糕，一切尽在不言中。

用料
Ingredients

• 鸡蛋	4 个	• 可可粉	30 克
• 糖粉	75 克	• 色拉油	20 克
• 牛奶	60 毫升	• 淡奶油	240 克
• 低筋面粉	60 克	• 巧克力（可可脂72%）	50 克

做法
Steps

1. 将蛋清蛋白分离，将蛋黄加入35 克糖粉一起搅拌均匀。

2. 将巧克力和 60 克淡奶油一起隔水加热，加热过程中不停搅拌至巧克力和淡奶油完全融合，变成丝滑的巧克力酱。

3. 蛋黄中加入牛奶和色拉油再次搅拌均匀，最后加入过筛的可可粉和低筋面粉，搅拌成光滑无颗粒的蛋黄面糊。

4. 取干净的打蛋盆，放入蛋白，用电动打蛋器打发粗泡以后分三次加入 40 克糖粉，打发至拉起打蛋器蛋白成弯弯的尖角。

5. 然后取三分之一蛋白放入蛋黄糊中，轻柔地切拌均匀，再倒回蛋白盆中，搅拌均匀，注意不要搅拌过度以免消泡。

6. 然后将搅拌好的面糊倒入铺好烘焙纸的蛋糕模具中，抹平表面，震去气泡，放入预热190℃的烤箱中，烤12分钟即可取出，倒扣在网架上放凉。

7. 打发180 克淡奶油，然后加入步骤2 的巧克力酱，搅拌均匀，均匀抹在蛋糕片上，卷起用烘焙纸包好，放入冰箱冷藏2 ~ 3小时即可食用。

1	2	3a
3b	4a	4b
5	6	7

柠檬塔

个人最爱的塔之一，每次制作都清香飘满屋，特别喜爱用刮刀刮下的细细柠檬屑，仿佛那是这一季最珍贵的东西。

用料
Ingredients

塔皮：		内馅：		装饰：	
· 低筋面粉	250 克	· 柠檬	2 个	· 打发的鲜奶油	适量
· 糖粉	100 克	· 柠檬汁	120 毫升		
· 黄油	140 克	· 细砂糖	120 克		
· 蛋黄	1 个	· 全蛋	3 个		
		· 黄油	60 克		

做法
Steps

1. 见 P12 塔皮制作过程。

2. 将柠檬皮用刮刀刮成屑屑，注意不要刮到白色部分，会发苦。

3. 在小锅中放入柠檬汁、细砂糖和全蛋，搅拌均匀，中火加热，直至黏稠立即离火。

4. 然后不停搅拌，放入软化的 60 克黄油和刮好的柠檬屑，搅拌均匀。

5. 冷却后，将柠檬馅儿均匀倒入烤好的塔皮中。

6. 最后可以在上面用打发的鲜奶油装饰一下，刮上柠檬皮屑即可。

| 2 | 3 | 4 |
| 5 | 6a | 6b |

芒果冻芝士

冻芝士绝对是免烤类甜品的 No.1。可以根据自己的喜好将其变身各种
美味的蛋糕，夏天少不了的芒果当然是甜品的主角。

用料
Ingredients

• 奶油奶酪	200 克	• 吉利丁片	10 克	• 奥利奥饼干	90 克
• 酸奶	160 克	• 白葡萄酒	1 大勺	• 黄油	40 克
• 鲜奶油	160 克	• 柠檬汁	2 大勺	• 芒果	200 克
• 细砂糖	64 克	• 香草精	少许		

1	4
5	6
7a	7b
8	9

做法
Steps

1. 将芒果去核，然后用刀在果肉上切十字方块，反转以后用刀取下果肉。

2. 将奶油奶酪软化，吉利丁片用冷水泡软，黄油隔水融化。

3. 将奥利奥饼干去掉夹心，放入保鲜袋中，用擀面杖擀碎，倒入容器中，加入融化的黄油搅拌均匀。

4. 将拌好的饼干碎倒入蛋糕模具中压实待用。

5. 软化的奶酪加入细砂糖用打蛋器打发至细腻。

6. 按顺序加入酸奶 - 白葡萄酒 - 柠檬汁 - 香草精，每次加入都需要搅拌均匀再加入下一种材料。

7. 取 60 克鲜奶油小火加热，然后放入泡软的吉利丁片，搅拌融化，和剩下的鲜奶油一起倒入奶酪糊中搅拌均匀。

8. 倒入一半奶酪糊在铺好饼干底的蛋糕模具中，放入芒果丁，然后再倒入剩下的奶酪糊，震去气泡，放入冰箱冷藏一晚即可。

9. 冷藏好的蛋糕脱模的时候，可以用温热的毛巾捂一下模具周围或者用电吹风吹一下模具周围，会更加方便取出蛋糕。切小块食用。

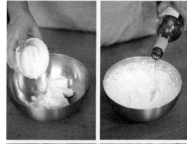

鸡蛋三明治

加上芝麻酱的鸡蛋另有一番风味，仿佛将好吃的沙拉藏在了面包里。

用料
Ingredients

- 鸡蛋　　　　3个
- 火腿片　　　3片
- 芝麻色拉酱　适量
- 黑胡椒　　　适量
- 面包片　　　4片

做法　1. 将鸡蛋煮熟，去壳，捣碎。
Steps

2. 火腿片切细丁，和捣碎的鸡蛋放在一起。

3. 加入适量芝麻色拉酱和黑胡椒拌匀。

4. 均匀地平铺在面包上，然后盖上另外一片
　　面包，再用刀切成四份。

1a	1b
2	3a
3b	4a
4b	4c

奶冻

　　纯洁的，光滑的，细腻的，入口即化，这些词都可以用来形容这道甜品，把奶冻装在好看的容器中，品尝的时候都有种圣洁的仪式感。

用料
Ingredients

- 淡奶油　　　400 克
- 细砂糖　　　50 克
- 牛奶　　　　120 毫升
- 吉利丁片　　5 克
- 香草精　　　适量

做法　1. 将淡奶油和牛奶放入锅中，小火加热至沸腾前
Steps　　关火。

　　　2. 加入细砂糖和香草精，放入冷水泡软的吉利丁片，
　　　　 搅拌均匀。

　　　3. 均匀倒入容器中，放入冰箱冷藏 4 小时以上。

1a	1b	
1c	2	3a
3b		

冰咖啡

咖啡无疑是这个世界上不可替代的一种饮料，夏天的冰咖啡更是让人沉醉其中。

用料
Ingredients

- 咖啡粉　　　适量
- 热水　　　　200 毫升
- 冰块　　　　适量
- 牛奶　　　　200 毫升
- 糖浆　　　　适量

做法　1. 将摩卡壶的中层放入咖啡
Steps　　粉，压实；底部放入热水，
　　　　小火将咖啡煮好。

　　2. 杯子中放入冰块和糖浆，
　　　　再将咖啡倒入杯子中即可。

　　3. 在喝的时候可以根据自己
　　　　的喜好加入牛奶。

| 1a | 1b |
| 1c | 2 |

蜜瓜冰茶

吐鲁番的哈密瓜加上伯爵红茶会有什么神奇的滋味，不如亲自做一杯来尝尝吧。

用料
Ingredients

- 热开水　　　200 毫升
- 冰块　　　　50 克
- 哈密瓜　　　半个
- 伯爵红茶　　5 克

1a	1b
2a	
2b	

做法
Steps

1. 将哈密瓜切成块，用热开水将伯爵红茶泡开，放凉。

2. 将冰块放入杯子中，倒入伯爵红茶，加入哈密瓜即可。

柚子薄荷茶

这真正是一道瘦身的好饮料，西柚减肥塑形，薄荷健脾助消化，是炎炎夏日不可多得的一款饮料。

用料
Ingredients

- 柚子　　　　　半个
- 柚子果汁　　　350 毫升
- 薄荷叶　　　　适量
- 蜂蜜　　　　　适量

1	2a	2b
3a	3b	

做法
Steps

1. 将柚子去皮切成块，薄荷叶洗净。

2. 然后将柚子块和薄荷叶放入杯子中，舀入适量蜂蜜。

3. 倒入柚子果汁，搅拌均匀即可。

▎关于下午茶

我们先来扫个盲吧,来说说下午茶的历史。

从饮茶文化发源来讲,最早于下午喝茶的民族,理应是一向以茶文化著称的古代中国。然而随着时代的发展,将下午茶发展为一种既定习俗文化方式的,则是英国人。英国人的饮茶习惯始自 1661 年。当时,一位葡萄牙公主 Catherine 和英王查理二世结婚,把葡萄牙的饮茶习惯带到英国。

17 世纪时,英国上流社会的早餐都很丰盛,午餐较为简便,而社交晚餐则一直到晚上八时左右才开始,人们便习惯在下午四时左右吃些点心、喝杯茶来垫垫肚子。其中有一位很懂得享受生活的女伯爵名叫安娜•玛丽亚,每天下午她都会差遣女仆为她准备一壶红茶和别致的点心,她觉得这种感觉真好,便邀请友人共享。很快,下午茶便在英国上流社会流行起来。

红茶传进欧洲时,由于是遥远东方来的珍品,"喝茶"还只是上流社会的专属享受。后来红茶开始在伦敦的咖啡屋、红茶庭园流行。咖啡屋是名流聚集交流、饮茶的场所。红茶庭园则出现在伦敦郊区,大多数英国人借此才开始接触红茶。18 世纪中期以后,茶才真正进入一般平民的生活。英国贵妇人之间风行的时尚便逐渐平民化,下午茶风俗开始盛行于饭店和百货公司之间。

英国贵族赋予红茶以优雅的形象及丰富华美的品饮方式。下午茶更被视为社交的入门,时尚的象征,是英国人招待朋友、开办沙龙的最佳形式。享用下午茶时,英国人喜欢选择极品红茶,配以中国瓷器或银制茶具,摆放在铺有纯白蕾丝花边桌巾的茶桌上,并用小推车推出各种各样的精制茶点。至于音乐和鲜花更是必不可少,风格以古典为美,曲必悠扬典雅,花必清芬馥郁。

英国人最喜欢的下午茶时间,多集中在下午三时到五时半之间,在优雅的氛围里往往可以让人们感受到心灵的祥和与家庭式的温暖,从而舒解一天的疲劳。

当然,据说远在维多利亚时代,下午茶的时光并非如此美妙。那时候,无所事事的贵妇人们利用午后的闲暇时光,在茶香的掩映之中,有些兴奋、有些嫉妒地谈论着别人的私生活。幸好，社会的发展解脱了对女人的束缚，生活空间的扩展使得女人们不再局限于狭小的天地，轻松的下午茶时光，真的变成了享受。

接下来说说下午茶的分类，下午茶主要分为 low tea 和 high tea 两种，这两种下午茶分类是狭义和广义下午茶的另一种表述。有闲的贵族或上层社会一般食用 low tea，low tea 一般指午饭后、离午饭时间不远的下午茶，茶点一般是三明治、小煎饼等；而劳工阶层多食用 high tea，high tea 一般指晚饭前的茶点，多以肉食为主。

那么正统的英式下午茶的程序又是如何呢？ _____

通常是由女主人着正式服装亲自为客人服务以表示对来宾的尊重，非不得已才请女佣协助。一般来讲，下午茶的专用茶多选用中国的祁门红茶、印度大吉岭红茶、斯里兰卡红茶、火药绿茶、传统口味纯味茶，若是喝奶茶，则是先加牛奶再加茶。在早期，他们的下午茶都以来自中国的祁门红茶为主，因为中国运输茶品至欧洲路途遥远，价格昂贵，后来慢慢地在印度及斯里兰卡种植红茶，并开始由印度及斯里兰卡输入红茶。但作为遥远东方的中国红茶，依然是他们的最爱。

正统的英式下午茶的点心是用三层点心瓷盘装盛，第一层放三明治、第二层放传统英式点心 Scone、第三层则放蛋糕及水果塔；由下往上开始吃。至于 Scone 的吃法是先涂果酱、再涂奶油，吃完一口、再涂下一口。很多星级酒店都有这样正统的英式下午茶。

那超人下午茶又是什么样的呢？ _____

我没有严格按照英式下午茶的规格来，有时候觉得那些标准的搭配多少有点死板，对于四季变化明显的我们来说，跟着季节做些适合当季的点心不是更加美妙吗？于是超人下午茶的形式就像书里安排的那样，根据季节搭配的五道点心配三道茶，五道点心里会有一道咸味的点心，来中和一下下午茶的口感。具体的搭配就不详细说明了，等你们慢慢翻看本书自然就会明白啦。

Autumn

秋季下午茶

香醇欲滴的浓情时刻

　　我一直觉得秋天是一年里最好最美的季节，大自然变得缤纷多彩，阳光变得万分柔和，还伴着习习凉风。在这样美好的天气里，下午茶就再适合不过了。和心爱的人在一起，坐在属于自己的角落，来一口红加仑芝士蛋糕，品一口手冲咖啡，或许就是一幅匆忙生活中被轻轻定格的温暖画面。搭配上放了好多树莓的千层派，做的时候就让人忍不住咽口水的巧克力蛋糕，还有经典的司康，都可以让这个秋天的下午变得浓情无比。

巧克力磅蛋糕

个人特别喜欢的一款甜品，
松软可口，满口留香。

用料
Ingredients

· 黄油	75 克	· 可可粉	15 克
· 细砂糖	60 克	· 泡打粉	2 克
· 全蛋	75 克	· 巧克力豆	20 克
· 低筋面粉	60 克		

做法
Steps

1. 将软化的黄油加入细砂糖用打蛋器搅打均匀。

2. 将全蛋液打散，分四次加入步骤 1 中，每一次加入都需要搅拌均匀。

3. 将低筋面粉、可可粉和泡打粉一起过滤倒入黄油蛋液中，快速搅拌至无颗粒状。

4. 加入巧克力豆，轻盈地搅拌均匀。

5. 将巧克力面糊倒入裱花袋中，然后均匀地挤入放好烘焙纸的磅蛋糕模具中。

6. 放入预热 160℃ 的烤箱烘烤 30 分钟即可。

1a		1b
2a	2b	3
4	5	6

泡芙

烘烤起来满屋飘香，百搭款，内馅用鲜奶油、冰激凌、水果都可以，喜欢神马用神马！

用料
Ingredients

• 黄油	60 克	• 低筋面粉	35 克
• 牛奶	80 毫升	• 高筋面粉	35 克
• 盐	1 小撮	• 鸡蛋	3 个
• 细砂糖	1 小撮	• 鲜奶油	适量

做法
Steps

1. 将黄油、牛奶、盐、细砂糖放入小锅内煮沸。

2. 加入过筛的高筋面粉和低筋面粉搅拌均匀。

3. 分三次加入鸡蛋液，每次加入都搅拌均匀，最后面糊呈拎起刮刀可以缓缓流下。

4. 将面糊装入裱花袋，在烤盘上挤出均匀的圆形，每个泡芙之间空出适当的空间，因为在烘烤的过程中会膨胀。

5. 用水将每个圆形的泡芙顶端抹平。最后在泡芙面糊上喷水，放入预热 200℃的烤箱中烘烤 25 ~ 30 分钟即可。

6. 将鲜奶油打发，挤入泡芙内，上面可以根据喜好挤上奶油、撒上些糖珠等装饰。

1	2
3a	
3b	4
5	6

莓果芝士蛋糕

红彤彤的小红莓和香浓的芝士搭配，相得益彰，浓郁中带着一丝酸甜，一切恰如其分刚刚好。

用料
Ingredients

· 奶油奶酪	200 克	· 玉米淀粉	1 大勺
· 酸奶油	100 毫升	· 全麦饼干	60 克
· 鲜奶油	50 克	· 黄油	30 克
· 细砂糖	50 克	· 红加仑	20 克
· 全蛋	1 个	· 柠檬汁	1 大勺
· 蛋黄	1 个		

1a	1b	2
3a	3b	4a
4b	4c	5

做法
Steps

1. 将全麦饼干放入保鲜袋中，然后用擀面杖压碎，倒入融化的黄油，搅拌均匀，放入蛋糕模具底部压实，放入冰箱冷藏备用。

2. 将奶油奶酪室温软化，然后加入 50 克细砂糖打发细腻。

3. 依次加入柠檬汁、玉米淀粉、酸奶油、鲜奶油、全蛋、蛋黄，每次加入一种材料都需要搅拌均匀，和成乳酪糊。

4. 将一半乳酪糊倒入模具中，放入红加仑，再将剩余的乳酪糊倒入。

5. 将蛋糕糊倒入包好锡纸的蛋糕模具中，放入 200℃预热的烤箱中，浴水烤 15 分钟，然后降低到 150℃烤 30 分钟。

6. 烤好取出散热后，放入冰箱 2 ~ 3 小时即可食用。

司康

下午茶必不可缺的点心，
咸甜皆可。

用料
Ingredients

• 低筋面粉	250 克	• 黄油	65 克
• 细砂糖	25 克	• 牛奶	125 毫升
• 泡打粉	1.5 小勺	• 蛋黄液	适量
• 盐	1/4 小勺		

1	2a
2b	3a
3b	4

做法
Steps

1. 将低筋面粉和泡打粉过筛，放入细砂糖和盐。黄油切丁，放入面粉中，用手搓揉成沙泥状。

2. 加入牛奶，轻轻混合成面团，放入冰箱中冷藏 1 小时。

3. 将面团从冰箱中取出，用擀面杖擀成 2 厘面左右的厚度，然后用模具压成形，取出放在烤盘上。

4. 表面刷上蛋黄液，放入预热190℃的烤箱中烤15分钟即可。

5. 放凉以后，可以夹自己喜欢的果酱、水果或者火腿片等食用。

覆盆子千层派

老派法式甜点，制作过程稍微有点复杂，结果却是令人欲罢不能。

用料
Ingredients

派皮		内馅	
· 海盐	2.5 克	· 鲜奶油	200 克
· 水	65 毫升	· 糖粉	25 克
· 黄油	120 克	· 覆盆子	40 个左右
· 低筋面粉	125 克		

2a	2b	2c
4	5	6
7	13a	13b
13c	13d	14

做法 1. 将海盐放入水中溶化，20 克黄油隔水融化。
Steps

2. 将低筋面粉放入容器中，加入盐水混合，再倒入融化的黄油，轻轻混合成团，不要过度搓揉。

3. 将面团放入冰箱中冷藏 1 小时。

4. 将剩下的 100 克黄油块放在一张烘焙纸上，上面再盖一张烘焙纸，用擀面杖擀压使黄油软化，慢慢擀成一个 15 厘米 ×15 厘米正方形的黄油块。

5. 取出面团，放在一张烘焙纸上，用擀面杖将面团擀成一个 30 厘米 ×30 厘米正方形。

6. 将黄油块放在面皮的斜角上，然后面皮上下左右对折将黄油块包住。

7. 将包好的面块擀薄，然后像折信纸一样，上下往中心折成三折，再转 90°，擀成长条形，再上下三折，放入冰箱冷藏 1 小时。

8. 取出后，重复两次步骤 7，每次重复一遍都要放入冰箱冷藏 1 小时。

9. 面块冷藏好以后取出，用擀面杖擀成厚度为 1 毫米的正方形，放入垫好烘焙纸的烤盘中，上面盖上烘焙纸，压上另外一个烤盘，避免烘烤过程中面皮膨胀。

10. 放入 160℃预热的烤箱里烘烤 25 分钟。

11. 烤好以后取出，切成自己想要的大小，然后放凉。

12. 制作内馅，将鲜奶油和糖粉打发，装入有裱花嘴的裱花袋中。

13. 取一片千层酥饼，挤上鲜奶油，依次放上覆盆子，然后在顶端挤上鲜奶油，再盖上一片千层酥饼。

14. 最上面用鲜奶油和糖粉装饰即可。

冰桃奶茶

夏末的桃子，芬芳可口，
挥发着诱人的香气，让红茶也
有了另一番滋味。

用料
Ingredients

- 红茶　　　5克
- 桃子片　　4片
- 热开水　　125毫升

- 凉开水　　75毫升
- 冰块　　　适量
- 牛奶　　　60毫升

- 朗姆酒　　1小勺
- 糖浆　　　适量

做法 1. 将桃子片与红茶茶叶一起放入壶中，然后倒入热开水冲泡。
Steps

2. 泡好之后往茶壶里加入凉开水和冰块制成冰茶。

3. 在杯子中放入冰块，然后倒入朗姆酒。

4. 将冰茶倒入杯子中，加入适量糖浆和牛奶。

5. 最后放入桃子片作装饰即可。

1	3	4a	4b

秋季下午茶

手冲咖啡

日式手作的精华，过程就已经让人醉了，成品的层层滋味让下午茶的享受更上一个台阶。

用料
Ingredients

1	2
4	5
6a	6b

- 咖啡豆　　　20 克
- 热水　　　　250 毫升

做法　1. 取 20 克咖啡豆，用研磨机将咖
Steps　　啡豆研磨，根据咖啡烘焙程度不
　　　　同，对咖啡进行不同程度的研磨，
　　　　比如中度烘焙的咖啡豆采用中度
　　　　研磨。

　　2. 在滤纸接缝处进行折叠，从里面
　　　　撑开，以便可以放入滤杯中。

　　3. 水烧至 85 ~ 90℃，用热水湿润
　　　　滤纸，以便去除滤纸上的味道，
　　　　过滤后的水用来温一下杯子，之
　　　　后倒掉。

　　4. 将咖啡粉倒在滤纸上，使咖啡粉
　　　　中心稍微凹下，注水，待咖啡膨
　　　　胀后，停止注水。

　　5. 闷蒸 10 ~ 20 秒，让咖啡可以
　　　　完全浸透。

　　6. 第二次注水，在咖啡内外侧画
　　　　圆，将滴漏下来的咖啡倒入咖啡
　　　　杯中。

苹果茶

　　秋天是苹果收获的季节，来一杯香香的苹果茶，健康又美味。

用料
Ingredients

- 苹果　　　　　半个
- 洋甘菊茶　　　6克
- 热开水　　　　250毫升

1a	1b
2	3

做法
Steps

1. 往茶壶中加入洋甘菊茶茶叶，注入热开水，放置几分钟。

2. 将苹果洗净切成丁。

3. 取透明玻璃壶，放入苹果丁，倒入泡好的茶，放置几分钟即可。

4. 喝之前可以根据喜好撒上一点肉桂，更增加风味。

Winter
冬季下午茶

回味悠长的幸福厮守

　　就这样，冬天悄悄地来了，伴着北风和雪花，当然也少不了冬日暖阳。我特别爱北方的冬天，虽然万物凋零，寒风瑟瑟，但走在冬日凛冽清新的空气里，伴着湛蓝的天空和呵出的雾气，也是让人迷恋的时光。走在胡同里，来到小厨房，这里有给你准备的热气腾腾的热可可，伴着杏仁香气的樱桃派，还有经典的纽约芝士蛋糕和 HOME MADE（家庭制作）的黄油小饼干。幸福未必是时刻闪耀璀璨光芒，而是在回味的一刻，忘记那些寒冷和寂寞，记住这些甜美微小的好滋味。

玛德琳

贝壳状的小小蛋糕，却有大大滋味，散发着湿润的黄油香，不愧是红茶的好伴侣。

- 细砂糖　　70克
- 全蛋　　　75克
- 香草精　　1克
- 低筋面粉　75克
- 泡打粉　　2克
- 黄油　　　75克

做法
Steps

1. 将细砂糖和全蛋液用打蛋器搅打至浓稠；黄油隔水加热融化。

2. 倒入香草精，搅拌均匀。倒入过筛的低筋面粉和泡打粉，搅拌至无颗粒状，注意不要过分搅拌，让面粉出筋。

3. 倒入融化的黄油，搅拌均匀，静置15分钟后在玛德琳模具上涂上黄油，撒上面粉，并抖去多余面粉。

4. 将面糊倒入裱花袋中，均匀挤在玛德琳模具中，挤八分满即可。

5. 放入预热200℃的烤箱中烘烤6分钟，取出后脱模冷却即可。

樱桃派

寒冷的季节看到这样红艳
饱满的派，心里顿时暖洋洋。

用料
Ingredients

· 樱桃	80 克	内馅：	
		· 黄油	80 克
派皮：		· 糖粉	80 克
· 低筋面粉	250 克	· 杏仁粉	80 克
· 糖粉	100 克	· 玉米淀粉	8 克
· 黄油	140 克	· 鸡蛋	80 克
· 蛋黄	1 个	· 朗姆酒	1 大勺

做法 1. 见 P12 塔皮制作过程。
Steps

2. 樱桃洗净，然后切开去核。

3. 将黄油切成丁，软化以后，加入糖粉用打蛋器打发。

4. 依次加入杏仁粉、玉米淀粉、鸡蛋、朗姆酒，每加入一种材料都需要搅拌均匀，直到杏仁糊顺滑。

5. 将杏仁糊倒入烤好的派皮中，将去核的樱桃放在杏仁糊表面。

6. 放入预热 170℃的烤箱中烘烤 40 ~ 45 分钟，取出放凉，最后在表面撒上一些糖粉作装饰即可。

2a	2b	2c	2d
3	4a	4b	

4c	4d	5a
5b		
6a	6b	

纽约芝士蛋糕

抗拒不了蛋糕紧实湿润的口感，结果只能是吃的时候一勺接着一勺，根本停不下来。

用料
Ingredients

· 奶油奶酪	250 克	· 柠檬汁	1 大勺	
· 酸奶油	200 毫升	· 香草精	少许	
· 鲜奶油	200 克	· 玉米淀粉	2 大勺	
· 细砂糖	100 克	· 柠檬屑	少量	
· 鸡蛋	3 个			

	1
2	3
5	6
7a	7b

做法
Steps

1. 将奶油奶酪软化，加入细砂糖用
   打蛋器打发至奶酪顺滑细腻。

2. 加入酸奶油，搅拌均匀。

3. 分次加入鸡蛋，每次加入都要搅
   拌均匀。

4. 然后再依次加入玉米淀粉、柠檬
   汁、香草精和柠檬屑，每次加入
   一种材料都要搅拌均匀。

5. 加入鲜奶油，搅拌均匀。

6. 然后用滤网过滤搅拌好的奶酪
   糊，再倒入包好锡纸的蛋糕模
   具中。

7. 放入预热 200℃的烤箱中，浴
   水烘烤 30 分钟后，烤箱温度降
   至 160℃烘烤 30 分钟，取出后
   自然放凉，然后放入冰箱冷藏 4
   小时以后即可食用。

芝士火腿面包

西班牙风干火腿真是百搭，搭配什么都美味，再加上芝士和麦香的面包，怎么搭都是黄金搭档。

用料
Ingredients

- 法棍面包　　　4 片
- 芝士片　　　　2 片
- 火腿　　　　　2 片
- 芥末酱　　　　2 大勺
- 现磨黑胡椒　　适量

做法
Steps

1. 将法棍面包切成片，火腿片一切二。

2. 抹上芥末酱。

3. 然后依次放上火腿片和二分之一芝士片，可以在中间撒上现磨黑胡椒。

4. 放进预热 170℃的烤箱内烤 5 分钟取出。

杏仁黄油小饼干

松松脆脆，还有香香的杏仁味道，爷爷很是喜爱，老人家都爱的甜品绝对是王道。

用料
Ingredients

- 黄油　　　　200 克
- 糖粉　　　　60 克
- 肉桂粉　　　2 克
- 杏仁粉　　　60 克
- 低筋面粉　　200 克

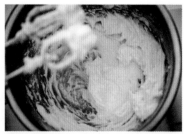

做法
Steps

1. 打发黄油和糖粉，打发至蓬松，颜色变白。

2. 加入杏仁粉、肉桂粉和过筛的低筋面粉，混合均匀。

3. 装入裱花袋中，在垫了烘焙纸的烤盘中挤出自己喜欢的样子。

4. 放入预热150℃的烤箱中烤35～40分钟即可。

| 1 |
| 2 |
| 4 |

柠檬红茶

老牌经典怎么可以少？自己动手做的柠檬红茶更加浓郁。

用料
Ingredients

· 红茶   6 克   · 柠檬汁   2 大勺
· 热开水   250 毫升   · 柠檬片   若干
· 蜂蜜   2 大勺

做法   1. 将红茶放入茶壶，热水泡开。
Steps
         2. 另外取一容器，将蜂蜜和柠檬汁调和
            在一起。

         3. 将泡好的红茶倒入杯子中，然后舀
            入步骤 2 的混合汁。

         4. 最后放入柠檬片即可。

1 2
3 4

热可可

　　漂着棉花糖的热可可，充满童趣又不失美味，是冬日暖阳下的最好选择。

用料
Ingredients

- 牛奶　　　　250 毫升
- 可可粉　　　2 大勺
- 棉花糖　　　适量

做法　1. 牛奶加热，在沸腾前关火。将可可粉放入杯子里，然
Steps　　　后倒入热牛奶搅拌均匀。

　　　2. 放入适量棉花糖即可。

| 1a | 1b | 2 |

朗姆红茶

你一定没有尝过加了酒的红茶，出奇好滋味哦，一定要尝试一下！

用料
Ingredients

- 大吉岭红茶　　6 克
- 朗姆酒　　　　1 小勺
- 热开水　　　　250 毫升

做法　1. 将大吉岭红茶放入茶壶，热开水泡开。
Steps
　　　2. 在茶杯中放入 1 小勺朗姆酒，将泡好的红茶注入即可。

1	2

彼此的微光

如果说小小梦想能发微光，也一定是彼此照亮。

2012 年 10 月的时候去瑞安找苏暖，在那里住了数十日，某一天晚上，天刚擦黑，有杜老师的高中同学来找苏暖，手里拿着自家院子里刚刚摘下的红色月季，还有两盆小多肉，她们两个人一边找瓶子插花，一边闲闲地扯几句，我则坐在旁边静静听着，心想着这就是住在小城市的好啊，吃完饭散个步或是骑个自行车就能到朋友家，也不用担心逗留得太晚错过了末班地铁。不像我们在北京，虽然有小城市比不了的好，但距离多少成了大家不能想见就见、抬脚就去的原因。每次跑一趟都要早出晚归，至少来回折腾四个小时，从东到西，换几次地铁再倒公车或者打车，每每这个时候就想，要是彼此都住在相邻不远的小区，谁家今天做了好吃的立刻就能送去该多好。

没跟超人认识之前，自己只是在豆瓣跟下厨房上关注她，那时还在一刻间上班，白天写文案，晚上守着楼下的咖啡馆，不管有没有客人，自己一个人在那里学着做饼干，烤蛋糕，想做什么了就去下厨房上翻超人的方子，一个个抄下来，不知不觉地就跟着超人的方子从夏天做到了冬天。

第一次去超人家是冬天，那会儿还住在石景山，下了班搭 1 号线坐到倒数第二站出来，还走了一条长长的路，可是心情却说不出的好。厨子大抵都有一样的通病，自己在厨房的时候不喜欢别人帮忙，可是去到朋友家总是忍不住想往厨房里钻，就像超人每次来我们家，推开厨房门探头问要不要帮忙的一定是她。记得那天在丰盛的大餐之后我还吃下了一整块芝士蛋糕，就是那种虽然肚子已经很撑很撑手却忍不住挖了一勺又一勺。

超人的第二本新书做了整整两年，里面的每一道甜点都是她试验了很多很多次才满意的方子，当然那些很多次不是我们每一个人都能看见。但在我们这一圈朋友心里已经有了一个莫名的定律，但凡在外面吃到什么好吃、特别的甜品，第一反应就是有超人做的好吃吗？

前几天超人烤了乡村小面包、布朗尼送到小厨房来，在我看来，小面包的口感和样子都已经十分好了，刚才看朋友圈她在家准备圣诞"首趴"的甜品，烤箱里一个个小面包们发的个头齐齐，发消息给她说好萌好萌，她说今天做的时候每一个都称重了，虽然平常做的看起来也差不多，但不是每一个大小都一样，所以这次还是要每一个都称重才好，这就是摩羯座那股子不可比的认真劲呀。所以我们也总说起超人就应该开一个面包店，做的东西这么好吃，不让更多的人吃到实在太可惜了。

今年因为自己开始做小厨房，被大家问到最多的一个问题是为什么要开这样一个小厨房，不是每天营业，又都是自己一个人打理，想了半天除却自己喜欢的原因，还有就是源于分享吧。看到身边好几个朋友都在做着凭着本心去找食材的事情，每次从他们那里定食材都让人觉得特别放心。

然后说到小厨房的餐后甜品一直是在考虑的问题，自己做实在是半吊子，外面定的不放心，心里想着如果可以找超人预定那就是最好的。没想到跟她聊完这个想法，她也很支持，继而就想到超人下午茶，厨房目前是周末对外预约，平日的时间之所以不开放，一是精力有限，二是想留出来跟朋友一起做些有意思的小事情。

"超人下午茶"便是我们的第一次小小尝试。我们有各种好友相聚的理由，但唯一不变的是想要一起共同分享的心情。

苏恩禾

2012.12.21

Saint Valentine's Day

情人节下午茶

你是我的王子

　　娇艳的玫瑰花，丝滑的巧克力，英俊的王子和美丽的公主，都是情人节最浪漫的主角。甜甜蜜蜜是最适合这个节日的形容词，此时的甜点用玫瑰花做主角再合适不过了。玫瑰花茶，玫瑰花布丁，玫瑰花冰激凌，每一种吃起来都让你甜到心里。还有最拉风的马卡龙、最美貌的覆盆子夏洛特和最香的焦糖杏仁酥，都是把甜蜜的滋味放进这些有爱的食物中，因为真的爱情并不需要"征服"谁的心和胃，只是希望他明白，我会把我所有最好的都给他。

焦糖杏仁酥

　　享誉全球的甜品经典，被誉为"少女的酥胸"，每一个都美得让人心瞬间融化。

用料
Ingredients

• 黄油	175 克	• 蛋黄	2 个	• 细砂糖	75 克
• 低筋面粉	250 克	• 杏仁片	75 克	• 麦芽糖	25 克
• 糖粉	75 克	• 鲜奶油	50 克	• 蜂蜜	25 克

做法
Steps

1. 将 125 克黄油软化，加入糖粉打发变白。

2. 蛋黄拌匀，分三次倒入蛋黄液，每次倒入都打发均匀。

3. 倒入过筛的低筋面粉，用刮刀混合成团，然后装入保鲜袋放入冰箱中冷藏 1 小时。

4. 取出冷藏好的面团，按压成模具形状，放入模具中，用叉子在面皮上戳洞，防止在烤制的过程中鼓气。

5. 放入 180℃预热好的烤箱，烘烤 25 分钟，取出放凉。

6. 将鲜奶油、细砂糖、麦芽糖、蜂蜜和剩下的 50 克黄油放入锅中用打蛋器打发后加热。

7. 煮沸后立即加入杏仁片，轻轻搅拌，不要把杏仁片弄碎了。

8. 然后趁热均匀地倒在步骤 5 烤好的饼底上，用 180℃烘烤 25 分钟。

9. 取出烤好的成品后倒扣在烘焙纸上，用刀切成自己想要的大小即可。

1	2	3a
3b	3c	4a
4b	6	7
8	9	

马卡龙

用最简单的中间夹心果酱、
榛子巧克力酱，就可以做出好
吃的马卡龙，我们先多练习怎
么样把马卡龙饼身做好才是最
重要的！

用料
Ingredients

1	2
3	4a
4b	5
7a	7b

· 糖粉　　　　　200 克
· 杏仁粉　　　　200 克
· 白砂糖　　　　200 克
· 蛋白　　　　　150 克
· 色粉 / 色素　　适量
· 水　　　　　　50 毫升

做法
Steps

1. 将杏仁粉和糖粉混合在一起，放入搅拌机中打碎，注意不要打太久，否则杏仁粉会出油。

2. 将粉碎好的混合物过筛，除去大颗粒物质，加入 75 克蛋白，搅拌均匀。

3. 在小锅内放入 200 克白砂糖以及 50 毫升的水，中火加热；此期间将剩下的 75 克蛋白用打蛋器打发至湿性发泡，将打蛋器拎起蛋白缓缓流下的状态。

4. 糖浆加热到 118℃ 的时候离开火，沿着打蛋盆壁缓缓倒入刚才湿性打发的打蛋盆，一边倒，一边继续开启打蛋器打发，直到打蛋盆摸起来不烫手即可。

5. 倒入自己喜爱的色素或者色粉，搅拌均匀。

6. 分三次加入步骤 2 的混合物，转动打蛋盆搅拌均匀，最后面糊可以非常顺滑地流下即可。

7. 将面糊装入裱花袋中，在烤盘中均匀挤出直径 3 厘米左右的圆形，挤完以后用力震一下，可以避免空心。

8. 烤箱预热 170℃，将烤盘放入烤箱中下层，烘烤 10 ~ 12 分钟即可取出晾干。

覆盆子夏洛特

小小的树莓是我的心头好，打成果泥制作出来的慕斯也一样不让人失望，配上手指饼干别提多美味了。

用料
Ingredients

• 覆盆子果泥	150 克	• 蛋白	1 个
• 吉利丁片	1 片	• 手指饼干	60 克
• 淡奶油	80 克	• 覆盆子	适量
• 水	20 毫升	• 戚风蛋糕	1 个
• 细砂糖	50 克	• 糖粉	适量

1a	1b
1c	2
4	5	6
7	8

做法
Steps

1. 将戚风蛋糕的边缘切掉，然后放入包好锡纸的慕斯圈中，用手指饼干围住边缘。

2. 将 150 克覆盆子果泥放入锅中加热，然后放入用冷水泡软的吉利丁片，搅拌融化。

3. 将蛋白打发至中性。

4. 将细砂糖和水放入容器中小火加热至 115℃，可以用温度计来检查，到 115℃立即关火。

5. 沿着打蛋盆边缘将糖浆倒入打发的蛋白中，然后继续打发蛋白，打至糖浆冷却即可。

6. 取三分之一蛋白加入覆盆子果泥中搅拌均匀，再倒入蛋白中搅拌均匀。

7. 打发 80 克淡奶油，然后加入步骤 6 中搅拌均匀制成慕斯糊。

8. 最后倒入慕斯糊，放入冰箱冷藏 4 小时以上，最后在慕斯顶端放上覆盆子，撒上糖粉点缀即可。

软芝士舒芙蕾

芝士绝对是个大门类，研究起来其乐无穷。软芝士不太常见，做出来的芝士蛋糕却一样好滋味。

用料
Ingredients

2a	2b	2c
3	4a	4b
5	6	7

- 软芝士　　　200 克
- 柠檬　　　　1 个
- 牛奶　　　　100 毫升
- 鸡蛋　　　　3 个

- 细砂糖　　　75 克
- 低筋面粉　　30 克
- 柠檬汁　　　2 大勺
- 香草精　　　少许

做法
Steps

1. 将蛋黄和蛋清分离；柠檬擦皮。

2. 将软芝士中依次加入柠檬汁、香草精、柠檬皮搅拌均匀。

3. 加入蛋黄，搅拌均匀。

4. 加入过筛的低筋面粉和牛奶，搅拌均匀。

5. 取另外打蛋盆，放入蛋白，打至粗泡，然后分三次加入细砂糖，打发至拉起打蛋器蛋白成弯弯的尖角。

6. 然后取三分之一蛋白放入芝士糊中，轻柔地切拌均匀，再倒回蛋白盆中，搅拌均匀，注意不要搅拌过度以免消泡。

7. 最后倒入包裹锡纸的蛋糕模具，放入预热 220℃的烤箱中，浴水法烘烤 15 分钟以后将温度降至 160℃再烘烤 45 分钟。

8. 烤好取出降温后放入冰箱冷藏 2 ~ 3 小时即可食用。

玫瑰布丁

情人节怎么可以少了玫瑰？玫瑰花不光可以当礼物，还可以做出各种美味的甜品，单玫瑰纯露制作的布丁就醇香得让人醉了。

用料
Ingredients

- 牛奶　　　　100 毫升
- 鲜奶油　　　160 克
- 细砂糖　　　85 克
- 玫瑰纯露　　2 大勺
- 玫瑰酱　　　60 克
- 吉利丁片　　5 克

做法
Steps

1. 将牛奶和细砂糖用中小火加热，待沸腾前关火。

2. 加入事先用冷水泡软的吉利丁片，搅拌溶化。

3. 依次加入鲜奶油、玫瑰纯露、玫瑰酱，搅拌均匀。

4. 倒入模具中，放入冰箱中冷藏 4 小时以上凝固即可。

1	2
3a	3b
3c	4

百香果青柠饮

　　百香果小小的肚子里有大大的内容，配上清香的柠檬和甜蜜的蜂蜜，喝一口便让人回味无穷。

用料
Ingredients

1a	1b	2a	2b
2c	3a	3b	3c

- 百香果　　1 个
- 青柠　　　1 个

- 蜂蜜　　　2 大勺
- 凉开水　　1500 毫升

做法　1. 青柠洗净切片，放入冷水壶中。
Steps

2. 将百香果切开，果肉挖出来放进
冷水壶中。

3. 放入 2 大勺蜂蜜，倒入凉开水，
将蜂蜜搅拌均匀即可。

意式玫瑰冰激凌

彩云之南的玫瑰酱配上鲜奶油，一猜就知道这种异域风情一定美味无比。

用料
Ingredients

- 玫瑰酱　　　80 克
- 玫瑰纯露　　2 大勺
- 牛奶　　　　150 毫升
- 鲜奶油　　　120 克
- 蛋白　　　　2 个
- 细砂糖　　　30 克

做法　1. 将玫瑰酱充分搅拌，依次加入牛奶、鲜奶油及玫瑰纯露，每次加
Steps　　　入都需要搅拌均匀，然后放入冰箱冷藏 2 小时。

　　　2. 蛋白打发至粗泡，分三次加入细砂糖，打发至七分。

　　　3. 将冷藏好的步骤 1 的混合物放入事先冷冻好的冰激凌机中，搅拌
　　　　　20 分钟，其间逐次加入打发好的蛋白，直至冰激凌成形即可。

| 1a | 1b | 1c | 3 |

情人节下午茶

洛神玫瑰饮

看名字就知道这道茶绝对是女神级别，洛神加玫瑰，顶级饮品中的上好味道。

用料
Ingredients

· 玫瑰花　　　　5 克
· 洛神花　　　　5 克
· 热开水　　　　500 毫升

做法　将玫瑰花和洛神花混合，然后用热
Steps　开水冲泡即可。

Christmas

圣诞下午茶

Merry Christmas

　　圣诞节是西方人的"春节"，也是他们最隆重的和家人团聚的节日。于是，所有准备的甜品必须都是传统基础上的豪华款，树根蛋糕、姜饼小人、热红酒……一样都不能少。还有裹满巧克力的伯爵草莓，小朋友一定特别喜欢。坐在圣诞树旁，喝着热腾腾的维也纳咖啡，和家人一起唱着圣诞歌。在我心中，食物永远和家庭、亲人以及节日的记忆连接在一起。那些印刻于我们记忆深处的味道，努力促使着我们还原曾经无限欢愉的场景。

千层蛋糕

一道饱含满满心意的甜点，
且不说卖相和口味，光是一张
一张做出来的可丽饼就让这道
甜品特别有诚意。

用料
Ingredients

• 低筋面粉	200 克	• 黄油	适量
• 细砂糖	2 大勺	• 草莓	适量
• 牛奶＋鸡蛋	600 毫升	• 蓝莓	适量
• 淡奶油	300 克	• 覆盆子	适量
• 糖粉	25 克		

做法
Steps

1. 将低筋面粉过筛，放入细砂糖，然后加入牛奶鸡蛋混合液，用搅拌器搅匀，静置半小时。

2. 将平底锅烧热，放入少许黄油，然后舀入一勺准备好的面粉糊，快速用手旋转锅子，让面糊均匀平摊在整个锅底。

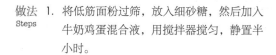

3. 中小火加热，直至面皮鼓起气泡，然后翻面，加热片刻，盛起放在网架上放凉，按此步骤将面糊全部制作成可丽饼皮。

4. 将草莓洗净切片。

5. 将淡奶油和糖粉一起打发成奶油，取少许涂抹在一张可丽饼皮上，放上几片草莓，然后盖上另外一张饼皮，再取少许奶油涂抹在上面，放上草莓，再盖上另外一张，重复这个动作直到饼皮都涂抹完毕。

6. 最后在最上面抹奶油，点缀蓝莓和覆盆子即可。

树根蛋糕

以假乱真的树根蛋糕，小朋友最最喜欢，又好玩又好吃，圣诞节必不可少！

用料
Ingredients

蛋糕体材料 1
- 蛋黄　　　　60 克
- 细砂糖　　　10 克
- 蜂蜜　　　　15 克
- 低筋面粉　　35 克

蛋糕体材料 2
- 蛋白　　　　80 克
- 细砂糖　　　35 克
- 黄油　　　　8 克
- 牛奶　　　　20 毫升

树根皮材料
- 巧克力（可可脂 66% ~ 75%）　　200 克
- 鲜奶油　　　400 克
- 糖粉　　　　15 克

做法
Steps

蛋糕体制作
可参照春季下午茶中的草莓蛋糕卷。

树根皮制作

1. 将 200 克巧克力切碎然后与 160 克鲜奶油一起小火加热，直至巧克力都融化，冷却后放入冰箱冷藏。

2. 将剩下的鲜奶油 240 克和 15 克糖粉打发。

3. 将巧克力酱均匀地涂一层在散热的蛋糕上，然后再在巧克力酱上涂抹一层奶油，可以中间厚，两头少，然后慢慢将蛋糕片卷成卷。

4. 将蛋糕卷切成一大一小两块，摆成树根形状。

5. 将剩余的巧克力酱涂抹在蛋糕卷上，涂抹得不整齐也没有关系，树根的感觉就是很粗糙的。

6. 都涂抹完以后，用叉子在蛋糕体上划上痕迹，最后放入冰箱冷藏一下。

1a	1b	3a	3b
3c	4	5	6

姜饼小人

圣诞节忙坏了姜饼小人，要出现在每一家的餐桌上、礼物口袋里，它是节日不可缺少的最好的甜点。

用料
Ingredients

- 低筋面粉　　150 克
- 黄油　　　　50 克
- 红糖　　　　40 克
- 蜂蜜　　　　30 克
- 鸡蛋　　　　1/2 个

- 姜粉　　　　3 克
- 肉桂粉　　　1 克

装饰：
- 蛋白　　　　10 克
- 糖粉　　　　80 克
- 蛋液　　　　10 克
- 水　　　　　20 毫升

做法
Steps

1. 将低筋面粉和红糖过筛。

2. 取一个干净容器将面粉、红糖、蜂蜜、姜粉、肉桂粉都倒在一起。

3. 加入鸡蛋，搅拌均匀。

4. 最后倒入融化的黄油，用手将面粉揉成一团，然后装入保鲜袋，放入冰箱冷藏松弛半小时。

5. 取出面团，用擀面杖擀成薄片，用饼干模具在面皮上印出图案，揭去多余的面皮。

6. 刷上用 10 克蛋液和 20 毫升水混合的蛋液，放入预热 180℃的烤箱中烘烤 10 ～ 12 分钟即可取出，放凉。

7. 用 10 克蛋白和 80 克糖粉打发成糖霜，装在裱花袋中，剪一个小口，然后在饼干上画上姜饼小人的装饰即可。

1a	1b	2
3	4a	4b
5a	5b	7

乳酪鸡腿卷

飘着乳酪和鸡肉的香味，将鸡腿卷摆上餐桌，脆脆的表皮和鲜嫩多汁的鸡肉，绝对让人食指大动。

用料
Ingredients

1	2
3	4
5a	5b
6a	6b
	7

- 鸡腿　　　　　2只
- 乳酪片　　　　2片
- 盐　　　　　　适量
- 现磨黑胡椒　　适量

- 红椒　　　　　半个
- 芦笋　　　　　6根
- 金针菇　　　　适量

做法
Steps

1. 将鸡腿去骨，平摊在砧板上。

2. 红椒、芦笋和金针菇洗净，红椒切丝，芦笋切段。

3. 在鸡腿上撒上适量盐、现磨黑胡椒。

4. 放上乳酪片、芦笋、红椒和金针菇。

5. 将鸡腿从下而上卷起来，要尽量卷紧。

6. 外面再包裹一层锡纸，包成糖果状，然后放入预热200℃的烤箱中烤20分钟。

7. 取出，去除锡纸，再用200℃烤20分钟，至表面金黄即可。

伯爵草莓

卖相十足，红彤彤的草莓穿着棕色的外套，让整个甜品都充满了趣味，让人忍不住想咬一口。

用料
Ingredients

• 草莓   10 个
• 黑巧克力（可可脂66%）   100 克

做法 1. 将草莓洗净，擦干表面水分；黑巧克力放在容器中隔水加热至融化。
Steps

2. 拿一个草莓在融化的巧克力液中滚一下，让草莓的三分之二沾上巧克力即可。

3. 将沾好巧克力的草莓放在平的容器中，然后放入冰箱冷藏一下，让巧克力尽快凝固。

1	2
3a	3b

维也纳咖啡

　　混合着奶油的咖啡香实在
叫人迫不及待地想尝一尝，配
着姜饼小人滋味一流。

用料
Ingredients

- 咖啡粉　　　15 克
- 热水　　　　200 毫升
- 淡奶油　　　100 克
- 糖粉　　　　10 克
- 可可粉　　　少许

做法
Steps

1. 将淡奶油和糖粉隔冰水打发，倒入装好裱花嘴的裱花袋中。

2. 将摩卡壶的中层放入咖啡粉，压实；底部放入热水，小火将咖啡煮好。

3. 将咖啡倒入杯子中，然后挤上奶油，撒上可可粉，需要立即饮用。

2a	2b	3a	3b

酸橙冰茶

一水儿的重量级甜品，来点儿小清新饮料中和一下也是很必要的哦。

用料
Ingredients

- 红茶　　　　5克　　• 凉开水　　　75克
- 冰块　　　　50克　　• 酸橙　　　　适量
- 热开水　　　125克　• 糖浆　　　　适量

做法
Steps

1. 将红茶放入茶壶用热开水泡开，放到温热再倒入
   凉开水，酸橙洗净切片，放在杯子壁上。

2. 放入满满的冰块，倒入红茶，按个人口味加入糖
   浆搅拌均匀即可饮用。

热红酒

西方传统圣诞饮品，热热的充满辛香的红酒，品上一口暖了全身。

用料
Ingredients

- 红酒　　　　　150 毫升
- 肉桂棒　　　　1 支
- 丁香　　　　　10 粒
- 柠檬皮　　　　1/2 个
- 蜂蜜　　　　　25 克
- 蔓越莓干　　　少许

做法
Steps

1. 将柠檬皮从柠檬上削下来，尽量不要带到白色的部分，否则会发苦。

2. 将红酒、柠檬皮、肉桂棒、丁香、蔓越莓干放到锅内一起煮，小火煮热后关火。

3. 最后放入蜂蜜调味即可。

客人

闲暇时间看《深夜食堂》，其实说的不就是老板遇到的各式各样的客人，听他们的故事，看他们的人生。这些微小的事总能激起我心底很多情绪，感动的，怜悯的，唏嘘的……然后就会好奇来超人这里吃下午茶的客人会是什么样的呢？

第一桌的客人是一群年轻的朋友，我猜应该是大学生或者刚毕业不久的学生，共同的爱好应该是车，因为男生都穿着很酷的机车服。我在厨房里打发着奶油完成点心最后的装饰，他们在桌上热烈聊天的话语时不时飘进我的耳朵里，喜欢的赛车，改装的方法，酷炫的行头……令人羡慕的青春年华，看他们笑得那么开心，年轻的脸庞散发着光泽，让我也想起了自己刚毕业的年月，一个人打拼的岁月，停下来的时候却迷茫了，不知道自己的路在哪里。那个时候自己绝对不会想到今天找到的方向，是做了一名厨子。人生不就是这样吗，总要经过很长的时间，经历过很多事情才真正明白自己想要的是什么，很幸运，我找到了深爱的人和喜欢的事，可以有一件让我一直能保有憧憬和追求之心的事情，并通过实践它，可以感受到自己存在的价值。

最可爱的客人是一位妈妈，带着自己的女儿和好朋友一起来吃下午茶。这对母女应该是刚从国外回来，和好久不见的朋友叙旧。妈妈吃得特别用心，时不时和朋友们交流对这道点心的看法，让在厨房里的我又紧张又感动。和招待朋友不同，对于第一次见面的客人来说，我更加在意他们对点心的看法。感动因为他们吃得如此用心，感觉食物找到了爱他们的人；紧张因为不知道点心是不是合他们的胃口。就这样，心情很复杂地过了一下午，这位妈妈临走的时候很和蔼地对我说谢谢，顿时让我觉得一切努力都是值得的，你的用心，懂的人自然会珍惜。

最让我感动的客人是一位来自湖南的姑娘，她自己在淘宝经营家乡的食材，因为网络关注到查查厨房和我的下午茶。因为不接受四人以下的预约，她自己在网上发起了陪她一起下午茶的消息，最后征集了网友一起来。整个过程她一直特别客气，请教了很多关于美食和摄影的问题，最后没吃完的点心小心翼翼地打包带走了。出门的时候再三地感谢让人特别不好意思，过两天她写了一篇很长的博客记录了那天的午后时光，看到文章和图片的时候，我特别感动，这种被人如此珍视的感觉让心里无比温暖。其实我和她是一样的，都是为了自己喜爱的事情在奋斗，在这里也祝福她梦想成真。

还有很多客人是我的朋友们，细毛和樱桃、燕子、田田、睫毛……她们都在我这个小小的厨房和小小的院子里开心地聊天，喝着茶，吃着我做的点心，蓝天白云，岁月静好，大概说的就是这样的画面吧。

这小小的厨房，这一方桌子，呈现的就是个小小的社会，让我看见很多不同的人，感受到很多不同的人生，他们的善良，对食物的热爱，对超人下午茶的支持，都让我心怀敬意。

每一位来过超人下午茶的客人们，谢谢你们对我梦想的支持！感谢——

Gentle breeze

和风下午茶

多谢款待ごちそうさん

　　日式甜品一直受到亚洲人的喜爱，日本人根据他们的口味对西式传统甜点进行了改良，赋予了甜点小清新的灵魂，清清淡淡却回味无穷。糖煮啤梨，抹茶豆乳，抹茶蛋糕卷，看似普通，可是滋味一级棒！日式传统的大福、羊羹，也将昔日的味道发挥到了极致。做这些甜点的时候，常常想到那部日本晨间剧《多谢款待》，剧中主人公对待食物细腻的情感让人动容，每当"多谢款待"几个字被说出的时候常常使人感动落泪。食物或许也是一种交流，让人明白彼此的心意，用心去做这些你爱的食物给你爱的人品尝，才是对食物最大的尊重。

大福

喜爱糯米的南方人必须热爱这道点心，软软糯糯，还有甜甜的红豆沙馅儿，怎能让人不爱呢？

用料
Ingredients

· 糯米粉	160 克	· 清水	200 毫升	· 熟淀粉	少许
· 玉米淀粉	40 克	· 色拉油	1 小勺		
· 细砂糖	50 克	· 红豆沙	适量		

做法 1. 将糯米粉、玉米淀粉、细砂糖一起放入容器中混合均匀，
Steps 然后倒入清水，用画圈的方式搅拌均匀。

2. 倒入色拉油搅拌均匀。

3. 放入锅内隔水蒸 15 ~ 20 分钟，取出，趁热大力搅拌成糯
米团。

4. 手中多沾些熟淀粉，取一块糯米块，压平，放入一块红豆沙，
将糯米皮包紧豆沙，翻过来放在容器里即可食用。

抹茶卷

说到日本必须提到抹茶，
鲜艳欲滴的绿色蛋糕卷上雪白
的奶油，好看得不忍下口。

用料
ingredients

- 低筋面粉　　45 克
- 蛋黄　　　　80 克
- 蛋白　　　　120 克
- 黄油　　　　25 克
- 抹茶粉　　　5 克
- 细砂糖　　　105 克
- 糖粉　　　　20 克
- 鲜奶油　　　200 克
- 蜂蜜　　　　15 克

1. 蛋黄蛋白分离，在蛋黄中加入5克细砂糖、15克蜂蜜打发变白。

2. 将蛋白打出粗泡以后，分三次放入80克细砂糖打发至拉起打蛋器会出现自然的弯曲弧线。

3. 将三分之一蛋白混入蛋黄糊中，切拌均匀，然后倒入过筛的低筋面粉和抹茶粉，搅拌至无颗粒状，再将剩余蛋白倒入。

1	2
3a	3b
3c	3d

4. 将融化的黄油倒入面糊中，轻柔快速地搅拌均匀。

5. 将混合好的面糊一次性倒入铺好烘焙纸的蛋糕模中，震去气泡，放入 180℃ 预热的烤箱中，烤 12 分钟取出，倒扣在铺了烘焙纸的散热架上，迅速剥去底部的烘焙纸。

6. 将鲜奶油 200 克和 20 克细砂糖打发。

7. 将打发的鲜奶油均匀地涂抹在散热的蛋糕上，尾部奶油可以薄一些，然后慢慢将蛋糕片卷成卷。

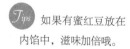 如果有蜜红豆放在内馅中，滋味加倍哦。

4	5a	5b
7a	7b	

糖煮啤梨

糖煮啤梨带着丁香的味道，
很适合秋冬食用。

用料
Ingredients

- 水　　　　600 毫升
- 啤梨　　　2 个
- 红糖　　　130 克
- 丁香　　　7 ~ 8 个
- 肉桂粉　　5 克

做法　1. 啤梨去皮，放入锅中。
Steps

　　　2. 倒入水、红糖、丁香、肉桂粉。

　　　3. 煮开后，慢炖 10 分钟，用筷子可以戳穿啤梨即可关火，放凉食用。

1	2a
2b	2c

和风下午茶

樱花羊羹

中国的传统点心在日本得到了发扬光大，口感滑润，外表精致，实为送礼佳品。

用料
Ingredients

豆沙层:
- 琼脂　　　4克
- 水　　　　180毫升
- 细砂糖　　40克
- 豆沙　　　180克

透明层:
- 琼脂　　　2克
- 水　　　　130毫升
- 细砂糖　　50克
- 盐渍樱花　10朵

做法
Steps

1. 琼脂浸泡一晚，泡软；盐渍樱花用清水浸泡，除去盐味。

2. 大火加热4克琼脂、180毫升水，沸腾以后小火加热2～3分钟，直至琼脂溶化。

3. 加入豆沙搅拌均匀，然后加入细砂糖搅拌均匀。

4. 用滤网过滤以后倒入模具中，放入冰箱冷藏至凝固成豆沙层。

5. 开始制作透明层，依旧大火加热2克琼脂、130毫升水、50克细砂糖，沸腾以后小火加热2～3分钟，直至琼脂溶化。

6. 取出凝固好的豆沙，放入浸泡好的樱花，将透明层倒在豆沙层上，放入冰箱冷藏继续凝固。

7. 取出用刀切成需要的大小即可。

莓果可尔必思

可尔必思是日本人发明的
乳酸饮料，口感超级棒，配上
颜色各异营养丰富的莓果，实
在是一道完美的甜品。

用料
Ingredients

- 草莓   4 个
- 树莓   10 个
- 蓝莓   10 个
- 可尔必思   80 毫升
- 牛奶   100 毫升

| 1 | 2 | 3a | 3b |

做法   1. 将水果洗净，草莓切丁。
Steps

2. 可尔必思和牛奶混合。

3. 容器中放入草莓丁、树莓、蓝莓等水果，倒入可尔必思和牛奶即可。

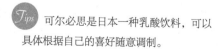 可尔必思是日本一种乳酸饮料，可以
具体根据自己的喜好随意调制。

抹茶豆乳

崇尚养生的大和民族，饮料也喜欢用非常滋补的豆乳。淡绿色的饮料，让胃口大开。

用料
Ingredients

* 抹茶粉　　　　3 克
* 热水　　　　　50 毫升
* 豆乳　　　　　200 毫升
* 蜂蜜　　　　　适量

做法
Steps

1. 将抹茶粉放入容器中，倒入 50 毫升热水，用抹茶刷将抹茶搅拌均匀。

2. 然后倒入加热后的热豆乳，按个人口味放入适量蜂蜜搅拌均匀即可。

和风下午茶

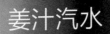

姜汁汽水

夏天的子姜煮出来的糖水，
配上苏打水，这样自己配出来
的汽水喝起来感觉一级棒！

用料
Ingredients

- 子姜　　　　300 克
- 细砂糖　　　250 克
- 水　　　　　450 毫升
- 苏打水　　　适量

1a	1b	2a
2b	3	
4a		4b

做法
Steps

1. 将子姜去皮，切片。

2. 细砂糖和水放入锅中，煮化，然后加入姜片，大火煮沸以后，小火慢煮 45 ~ 50 分钟。

3. 然后倒入开水煮过消毒过的容器中。

4. 舀一勺在杯子中，倒入适量苏打水即是姜汁汽水。

樱花茶

春天里落下的樱花，用盐保存起来，需要的时候泡开再用来做各种甜品和饮料，仿佛春天一直在身边。

用料
Ingredients

- 红茶　　　　6 克
- 盐渍樱花　　4 朵
- 热开水　　　220 毫升

2a	2b
2c	

做法　1. 将红茶用热开水泡开，盐渍樱花用清水浸泡一段时间，
Steps　　除去咸味。

　　　2. 将泡好的樱花放入茶杯中，倒入泡好的红茶即可。

和风下午茶

Chinese style

中式下午茶

倒缘乡味忆回乡

　　虽然现在一说到下午茶很多人都会想到英式下午茶，但其实茶本来是中国的"神奇树叶"，中国人饮茶和吃点心的历史不比任何民族短。用中式传统食材制作的点心搭配传统的饮品也可以做出一桌精妙绝伦的下午茶，说不定里面就有你家乡的和小时候的味道。豌豆黄，鲜花饼，水果羹，酸梅汤，芝麻蛋卷，山楂饮，梅子冷泡茶，南北风味集聚一桌，总有一款适合你。

玫瑰鲜花饼

云南最有名的伴手礼，其实自己也可以做哦，而且自己做的更觉爱心满满。

用料
Ingredients

• 玫瑰花酱	150 克	• 细砂糖	25 克
• 面粉	230 克	• 熟面粉	50 克
• 猪油	105 克	• 蛋液	少许
• 水	50 毫升		

做法
Steps

1. 将面粉 100 克，水 50 毫升，猪油 25 克，细砂糖 25 克放在一起制作水油皮，先用筷子将原料搅成片状，然后用手将原料揉成团。

2. 将面粉 80 克，猪油 80 克放在一起制作成油皮，用筷子将原料搅拌在一起，然后用手将原料揉成团。

3. 将水油皮面团和油皮面团放在容器里，盖上保鲜膜，醒发 30 分钟。

4. 醒发好以后，将水油皮分成 20 克一份，油皮分成 16 克一份。

5. 将水油皮压扁，油皮团放在水油皮上，像包汤圆一样搓圆。

6. 将搓圆的混合体压扁擀成长条形状，然后卷起来，之后再压扁擀成长条形状，再卷起来，逐份按此步骤将分好份的混合体卷起来，盖上保鲜膜，醒发 30 分钟。

7. 在醒发的时间里，我们来制作熟面粉，将 50 克面粉放在碗里，然后隔水蒸 10 分钟，取出放凉。

8. 将放凉的面粉过筛备用。将 150 克玫瑰花酱和 50 克熟面粉拌匀，分成 20 克一份。

9. 将醒发好的面卷对折，然后擀成皮，将玫瑰花馅儿包在里面，然后搓圆压扁，放在铺好烘焙纸的烤盘里，刷上蛋液。

10. 最后放入预热好的烤箱里，180℃烤 20 分钟即可。

中式下午茶

芝麻蛋卷

小时候最喜欢站在做蛋卷的摊子前面看他们做蛋卷，香气四溢，只能拼命咽口水，这就是记忆里小时候的味道！

用料
Ingredients

- 鸡蛋　　　2 个
- 色拉油　　50 克
- 面粉　　　55 克
- 细砂糖　　40 克
- 黑芝麻　　10 克

做法　1. 将面粉、鸡蛋、色拉油、细砂糖都放入打蛋盆中，用打
Steps　　　蛋器搅拌成没有颗粒的面糊。

2. 倒入黑芝麻，搅拌均匀。

3. 将蛋卷模烧热，舀上一勺蛋糊，盖上盖子，夹紧，中小火，
1 分钟后翻面，反复这个动作，等听到噗噗噗的声音的时
候就基本好了。

4. 打开盖子，趁热用筷子将蛋皮卷成蛋卷，放凉即可食用。

 刚做好的蛋卷最酥脆，
放过夜以后就会变软，所
以做完后请尽早食用。

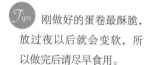

豌豆黄

北京的皇家点心，用豌豆粉做出来的充满豌豆香气的点心，非常特别！

用料
Ingredients

- 去皮豌豆　　　300 克
- 细砂糖　　　　80 克
- 琼脂　　　　　15 克
- 水　　　　　　800 毫升

1	2a	2b
3a	3b	5
6		

做法
Steps

1. 将去皮豌豆洗净，用清水浸泡 3 小时。

2. 700 毫升的水中放入浸泡好的去皮豌豆，小火煮烂。

3. 关火以后用料理机打成豌豆糊，然后用滤网过滤，使其口感更加细腻。

4. 另取一锅，放入 100 毫升水和 80 克细砂糖，以及已经泡软的琼脂，煮开以后，再小火煮 2～3 分钟，使琼脂溶化。

5. 立即倒入豌豆糊中搅拌均匀。

6. 倒入容器中，冷藏 1 小时，凝固成固态，然后取出切成小块即可食用。

煎粽子

南方人发明的煎粽子，香气十足，表面脆爽，内心暖糯，咬起来非常过瘾。

用料
Ingredients

- 熟肉粽子　　　2 个
- 色拉油　　　　适量

做法
Steps

1. 直接把粽叶去掉，将熟肉粽子切成 1 厘米厚的
   厚片。

2. 平底锅倒入适量色拉油烧热，将粽子厚片放入，
   用中小火煎至两面焦脆即可。

水果羹

上海人家宴过后必不可少
的一道甜羹，清甜、软糯，一
如印象中的吴越姑娘。

用料
Ingredients

- 苹果   1 个
- 橘子   1 个
- 糯米小团子   100 克
- 猕猴桃   1 个

- 淀粉   适量
- 冰糖   适量
- 清水   适量

1			
2	3	5a	5b

做法
Steps

1. 苹果、猕猴桃去皮切丁备用；淀粉倒入清水搅拌均匀。

2. 糯米小团子提前煮好，放入冷水中降温。

3. 锅中放入适量水，烧开，倒入苹果丁和橘子，中火煮 2 ~ 3 分钟。

4. 倒入糯米小团子继续煮 1 ~ 2 分钟，加入猕猴桃丁。

5. 最后加入和好的淀粉水，大火煮开待汤汁黏稠，根据个人喜好加入适量冰糖即可。

Tips 水果羹里面的水果可以根据自己的喜好来更换，但是最好选些比较硬不易煮得很烂的水果。

酸梅汤

　　夏天最好的消暑良品，有除热送凉，生津止渴的功效。

用料
Ingredients

| | 1 | 3 |

- 山楂　　　25克
- 乌梅　　　30克
- 洛神花　　3克
- 甘草　　　10克
- 冰糖　　　适量
- 清水　　　1.5升
- 陈皮　　　5克

做法　1. 将山楂、乌梅、洛神花、甘草、陈皮用清水洗净，然后用清水浸泡
Steps 　　 20分钟。

　　　2. 大火烧开，小火慢煮30分钟关火，按个人喜好加入冰糖。

　　　3. 做好的酸梅汤冷却后放入冰箱冷藏口感更佳。

梅子冷泡茶

冷泡茶是近年兴起的一种茶饮料，制作方法简单，口感却奇佳。

用料
Ingredients

| | | |
| 1 | 2a | 2b |

- 绿茶　　　　5克
- 纯净水　　　1.5升
- 话梅　　　　3颗

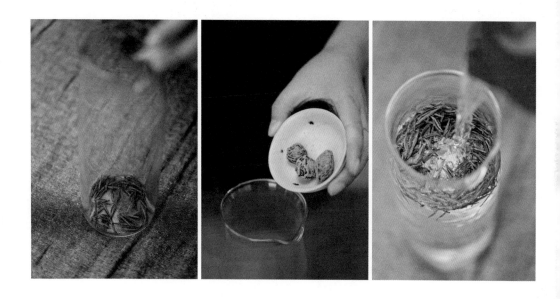

做法
Steps

1. 绿茶用清水稍微清洗一下，除去灰尘，放入容器中。

2. 放入话梅，倒入纯净水，盖上盖子，放置一晚上，第二天即可饮用。

山楂饮

最爱这款饮料，浓浓的，酸酸甜甜，晶莹透亮，生津开胃。

用料
Ingredients

- 新鲜山楂　　　200 克
- 清水　　　　　1.5 升
- 冰糖　　　　　适量

做法 1. 将新鲜山楂洗净，对半破开，去核，然
Steps 后放入锅中，倒入清水，大火煮开，小
火慢煮 20 分钟左右，待山楂变软，汤
色变红即可。

2. 关火，按个人口味加入适量冰糖搅拌
溶化，放凉即可饮用。

1

2

中式下午茶

▌超人甜点

我认识超人，是在六年前，那个时候她和朋友经营一家家庭旅馆，在创业这条路上，她是前辈。如果说我后来的经历多多少少受到了她的影响，也不为过。本质上，我们是一种人，但方式不同，在同样一件事情面前，我思前想后权衡利弊，但求一步到位十拿九稳；她靠直觉和心态，靠坚持。所以我怀才八年，才敢离开温室；而她一路高低起伏，但收获丰富，无怨无悔。

创办"惟简摄影"之后，作为老公和共同创业者，我找到了一个"事业"能让我们来共同经营。在"惟简"里，超人的作用举足轻重不可或缺，服装化妆道具加上后期，她几乎承担了所有拍摄之外的工作。这种"家庭摄影作坊"的模式是我们的核心竞争力，也是让人感觉在单纯的拍摄之外还有更多温暖和情怀所在的关键。

对很多人来说，包括我自己，这已经很好，但事情总是可以再往前走，尤其是对身边的"超人"。

在我们共同经营"惟简"的三年里，也是超人的美食工作一直保持进步的三年：个人菜谱在下厨房点击率超过 160 万次；出版两本美食书籍；为十几种生活消费类杂志供稿；接受各类网站杂志电视台等媒体采访；为合作餐厅研发甜点；和有机食品电商、厨具的品牌合作推广以及参与中国与欧洲 NGO 之间的青年美食交流活动。

"惟简"承载了我的梦，是我对美好生活的看法。但在我看来，超人还有一个属于她自己的美食"惟简"，在那里她有自己更大的热爱和更能发挥的领域。我想我能做的更好的事情，就是创造一切条件，帮她实现梦想。

在朋友圈里，超人的甜点已经是聚会聚餐里必不可少的内容，而在日常生活里，我是被称赞"有口福"次数最多的人。不过我的收获不仅仅是品尝美味，我还能看到美味的制作过程以及美味是如何因制作者的一路坚持而最终成型的。简单的一块蛋糕背后一次次的改良和尝试我目睹过，那些成功和失败的"味道"我也都品尝过，因此于我而言，超人的甜点，不仅是来自家庭的温暖滋味，也是认真的态度和坚持的热情。现在我们想，把这个"甜蜜"的过程和结果分享给更多人品尝，很多人从此也可以和我一样，体会超人带着家庭味道的特色甜点。

其实这个计划由来已久，却一直没有找到合适的实施方式。现在得以实现，还要感谢苏恩禾的"查查厨房"。因为查查厨房，我们知道，家庭味的小厨房可以按照如此理想化的方式被实现、被认可。苏恩禾和超人，本来也是好朋友，虽然各偏中西，擅长领域不同，但有着相似的童年味觉记忆，对于食物制作的态度和情怀也如出一辙，而彼此的不同也正好形成了很合适的互补。从2014年开始，超人和苏恩禾的查查厨房合作，推出私房下午茶，全部甜点由超人亲自制作。查查厨房的正餐目前绝大部分开设在周末，而超人下午茶会选择在工作日的下午。此外，查查厨房以后正餐前后的甜点，也将由超人制作并供应。

在查查厨房开业的时候，我写了一段话，"当我们说吃与厨房的时候，希望以饮食的名义作短暂的逃避和喘息。家，离我们越来越远，有回不去的感觉；梦想什么的，一次轮回里的快感和成就感抵不过现实对身心的消耗。你看到的美好，我们看到背后的艰辛和无奈。何来温暖，无非是三五好友，平日里各自埋头苦干，颓丧时举杯相邀饱暖疗伤，再去受人间疾苦。"所以既然疾苦难免，就在可以享受的时候多加一点儿甜，超人，苏恩禾，查查厨房，以及所有用生命在厨房制作食物的人，值得我们张开怀抱。

曹铁鸥

2013.12.20

图书在版编目（CIP）数据

一起来吃下午茶：悠闲派对，共享午后甜咸小"食"光 / 晴天小超人著. —北京：中国轻工业出版社，2015.7

（一起来吃）

ISBN 978-7-5184-0442-1

Ⅰ.① 一… Ⅱ.① 晴… Ⅲ.① 食谱 Ⅳ.① TS972.12

中国版本图书馆CIP数据核字（2015）第051969号

责任编辑：王巧丽　张盟初　　　策划编辑：王巧丽　　　责任终审：张乃柬　　　封面设计：尚书坊
版式设计：尚书坊　　　　　　　排版设计：锋尚设计　　　责任校对：晋　洁　　　责任监印：马金路

出版发行：中国轻工业出版社（北京东长安街6号，邮编：100740）

印　　刷：北京博海升彩色印刷有限公司

经　　销：各地新华书店

版　　次：2015年7月第1版第2次印刷

开　　本：710×1000　1/16　印张：12

字　　数：160千字

书　　号：ISBN 978-7-5184-0442-1　定价：38.00元

邮购电话：010-65241695　传真：65128352

发行电话：010-85119835　85119793　传真：85113293

网　　址：http://www.chlip.com.cn

Email：club@chlip.com.cn

如发现图书残缺请直接与我社邮购联系调换

150639S1C102ZBW